Smitha Sebastian

Manual de algas filamentosas de arrozais em Kerala

Smitha Sebastian

Manual de algas filamentosas de arrozais em Kerala

ScienciaScripts

Imprint
Any brand names and product names mentioned in this book are subject to trademark, brand or patent protection and are trademarks or registered trademarks of their respective holders. The use of brand names, product names, common names, trade names, product descriptions etc. even without a particular marking in this work is in no way to be construed to mean that such names may be regarded as unrestricted in respect of trademark and brand protection legislation and could thus be used by anyone.

Cover image: www.ingimage.com

This book is a translation from the original published under ISBN 978-620-2-07341-7.

Publisher:
Sciencia Scripts
is a trademark of
Dodo Books Indian Ocean Ltd. and OmniScriptum S.R.L publishing group

120 High Road, East Finchley, London, N2 9ED, United Kingdom
Str. Armeneasca 28/1, office 1, Chisinau MD-2012, Republic of Moldova, Europe
Printed at: see last page
ISBN: 978-620-7-84628-3

ÍNDICE

Prefácio

As algas filamentosas de água doce estão entre os organismos mais diversos e omnipresentes na Terra, ocupando uma miríade de condições ecológicas. Em Kerala, a variedade de habitats de água doce colonizados por algas filamentosas é muito rica e oferece uma enorme e fascinante gama de ambientes para o seu estudo. Como são consideradas a base da maioria das teias alimentares aquáticas, os estudos sobre as algas, especialmente a diversidade, são fundamentais para avaliar a saúde do ecossistema. O livro fornece um guia simples, prático e abrangente dos géneros de algas filamentosas dos arrozais em Kerala. O formato combina a informação taxonómica necessária para as pessoas que trabalham em biologia de algas. Além disso, a identificação de espécies de algas é considerada morosa, fastidiosa e propensa a erros de identificação. O livro inclui um guia fácil para a identificação de algas filamentosas de arrozais em Kerala.

Dr. Smitha Sebastião

CAPÍTULO 1

ALGAS: UMA INTRODUÇÃO

As algas são plantas autotróficas simples que geralmente não possuem raízes, caule, folhas, vasos condutores e órgãos sexuais complexos. De acordo com Lee, "As algas são talófitas (plantas sem raízes, caules e folhas) que têm clorofila *a* como seu pigmento fotossintético primário e não têm uma cobertura estéril de células em torno das células reprodutivas" (Lee, 1989). A existência primitiva de algas é apoiada pelo registo fóssil pré-cambriano que remonta a cerca de 3 mil milhões de anos atrás. De acordo com Guiry (2012), estima-se que o número de algas vivas varia de 30.000 a mais de um milhão de espécies.

A base da classificação das algas foi estabelecida por Linnaeus e De Jussieu. Fritsch (1935), na sua obra-prima sobre a "Estrutura e reprodução das algas", classificou as algas em onze classes, com base na pigmentação, reserva alimentar, flagelação e modo de reprodução. As classes são Chlorophyceae, Xanthophyceae, Chrysophyceae, Bacillarophyceae, Cryptophyceae, Dinophyceae, Chloromonadinae, Euglenineae, Phaeophyceae, Rhodophyceae e Myxophyceae. Smith (1955) classificou as algas em sete divisões e cada divisão em várias classes. As divisões são Chlorophyta, Euglenophyta, Pyrrhophyta, Chrysophyta, Phaeophyta, Cyanophyta e Rhodophyta. Papenfuss (1955) classificou as algas em oito divisões como Chrysophycophyta, Phaeophycophyta, Pyrrhophycophyta, Euglenophycophyta, Chlorophycophyta, Charophycophyta, Rhodophycophyta e Schizophyco- phyta. Incluiu as algas azuis-verdes juntamente com as bactérias.

Com base nos pigmentos presentes nos plastídeos, nos caracteres morfológicos e nas diferenças bioquímicas, Chapman (1962) dividiu as algas em quatro divisões, que foram posteriormente subdivididas em várias classes. As divisões são Euphycophyta, Myxophycophyta, Chrysophycophyta e Pyrophycophyta. Prescott (1969) enfatizou a presença ou ausência de um núcleo verdadeiro nas células das algas para a sua classificação, juntamente com outros caracteres como a pigmentação, a natureza bioquímica da parede celular e o material alimentar de reserva, e dividiu-as em nove divisões e catorze classes. As divisões são Chlorophyta, Euglenophyta, Chrysophyta, Pyrrophyta, Phaeophyta,

Rhodophyta, Cyanophyta, Cryptophyta e Chloromonadophyta. Round (1973) também reconheceu a importância da presença ou ausência de um núcleo bem organizado nas células das algas na classificação das algas, juntamente com as suas relações filogenéticas e outras características. Dividiu as algas em dois grandes grupos e, posteriormente, em várias divisões. O grupo 1 Prokaryota inclui apenas uma divisão Cyanophyta. O grupo 2 Eukaryota inclui as seguintes divisões: Euglenophyta, Chlorophyta, Chrysophyta, Phaeophyta, Rhodophyta, Cryptophyta e Pyrrophyta. Bold e Wynne (1978) classificaram as algas em nove divisões, tais como Cyanochloronta, Chlorophycophyta, Charophyta, Euglenophycophyta, Phaeophycophyta, Chrysophycophyta, Pyrrophycophyta, Cryptophycophyta e Rhodophycophyta. Lee (1989) classificou as algas em quatro grupos e vários Phyla. O grupo 1 das algas procarióticas inclui os filos Cyanophyta e Prochlorophyta. Grupo 2 Algas eucarióticas com cloroplastos rodeados apenas pelas duas membranas do envelope do cloroplasto. Inclui os filos Glaucophyta, Rhodophyta e Chlorophyta. Grupo 3 Algas eucarióticas com cloroplastos rodeados por uma membrana do retículo endoplasmático do cloroplasto. Inclui os filos Euglenophyta e Dinophyta. Grupo 4 Algas eucarióticas com cloroplastos rodeados por duas membranas do retículo endoplasmático do cloroplasto. Inclui os filos Cryptophyta, Chrysophyta, Prymnesiophyta, Bacillariophyta, Xanthophyta, Eustigmatophyta, Raphidophyta e Phaeophyta. Guiry e Guiry (2011) classificaram as algas em dois impérios - Prokaryota e Eukaryota. O império Prokaryota inclui apenas um reino, *ou seja,* Bacteria, que compreende o filo Cyanobacteria. O Império Eukaryota inclui três reinos de algas, tais como Chromista, Plantae e Protozoa. Barsanti e Gualtieri (2014) agruparam as algas em quatro reinos: Bacteria, Plantae, Chromista e Protozoa. O reino procariótico bacteria inclui o filo Cyanobacteria com uma única classe Cyanophyceae. O reino Plantae inclui quatro filos, *ou seja,* Glaucophyta, Rhodophyta, Chlorophyta e Charophyta. O reino Chromista inclui os filos Haplophyta, Cryptophyta, Ochrophyta e Cercozoa. O reino Protozoa inclui os filos Myzozozoa e Euglenozoa.

O hábito dos diferentes grupos de algas varia muito entre eles e dentro das divisões de algas. São classificadas em unicelulares e coloniais unicelulares, filamentosas, sifonocládicas, sifonadas, parenquimatosas e pseudo-parenquimatosas e palmelóides. As algas unicelulares são solitárias ou coloniais, com ou sem flagelos. Encontram-se geralmente nos filos Cyanobacteria, Glaucophyta, Rhodophyta, Chlorophyta, Cryptophyta, Ochrophyta e Haptophyta. As fileiras unisseriadas de células dispostas numa sequência definida formam um hábito filamentoso e são encontradas nos filos Cyanobacteria, Rhodophyta, Chlorophyta, Charophyta, Ochrophyta e Myzozoa. No hábito sifonocládico, as algas têm talos multicelulares, ramificados ou não ramificados, compostos por células multinucleadas, como na classe Ulvophyceae do filo Chlorophyta. No hábito sifónico, o corpo da planta é constituído por células tubulares gigantes coenocíticas. Muitas vezes aparecem como tubos ramificados; geralmente ocorrem na classe Xanthophyceae do filo Ochrophyta e também em certos membros de Chlorophyta. As algas com talos parenquimatosos e pseudo-parenquimatosos são macroscópicas com tecido de células indiferenciadas que se dividem em três dimensões. Estes hábitos são normalmente encontrados nos filos Cyanobacteria, Rhodophyta, Chlorophyta e Ochrophyta. As colónias Palmelloid são células não móveis que permanecem embebidas numa matriz mucilaginosa e as células são independentes umas das outras e cumprem todas as funções de um indivíduo. Estas estão presentes no filo Chlorophyta e Euglenozoa (Barsanti e Gualtieri, 2014).

A reprodução nas algas ocorre por três métodos: 1. Reprodução vegetativa - pode ser de vários tipos, como divisão celular, fragmentação, formação de hormonas, horósporos, talos adventícios, protonemas primários ou secundários, tubérculos, estrelas de amido ou amilo, bulbilhos e akinetes. 2. Reprodução assexuada - é conseguida através de zoósporos, aplanósporos, hipnosporos, autósporos, endósporos, auxósporos, carpósporos, esporos neutros, parasporos e micrósporos. 3. Reprodução sexual - estes métodos são isogamia (fusão de gâmetas móveis semelhantes), heterogamia (fusão de gâmetas dissimilares) e aplanogamia ou conjugação (fusão de gâmetas ameboides não-flagelados morfologicamente semelhantes, mas fisiologicamente dissimilares) (Lee, 1999; Barsanti e Gualtieri, 2014).

As algas ocorrem em todos os ambientes da Terra, principalmente nos habitats aquáticos e em ambientes terrestres húmidos, incluindo o solo e as superfícies sem solo. São eles os habitats aéreos, os habitats aquáticos e os habitats invulgares. As algas aéreas são aquelas que obtêm a sua água totalmente ou em grande parte da humidade do ar. Crescem nas superfícies terrestres, como árvores, rochas e superfícies do solo. As espécies aéreas pertencem principalmente aos grupos taxonómicos Chlorophyceae, Cyanophyceae e Xanthophyceae. As algas aquáticas são de água doce, habitando as águas correntes de ribeiros e rios, habitat lêntico de lagoas, lagos, charcos, valas e zonas húmidas, ou marinhas como fitoplâncton dos estuários e oceanos ou como algas marinhas nos ambientes intertidais e subtidais. As algas de habitats invulgares são as que crescem em ambientes extremos. São classificadas nas seguintes categorias: criófitas ou algas da neve (que se encontram nos picos das montanhas cobertos de neve), algas termais (que ocorrem em fontes termais), algas halófitas (que se encontram na água salgada), litófitas (que crescem em rochas húmidas, paredes molhadas e outras superfícies rochosas), epífitas (que crescem sobre outras plantas ou animais aquáticos) e algas simbióticas (que crescem em associação com outras plantas e fungos) (Sambamurty, 2005; James *et al.*, 2009).

Referências

Barsanti, L e Gualtieri, P. 2014. *Algae-Anatomia, Bioquímica, Biotecnologia.* CTC Press, Taylor and Francis Group, Nova Iorque.\

Bold, H.C. e Wynne, M.J. 1978. *Introduction to the Algae- Structure and Reproduction.* Prentice Hall of India Private Ltd., Nova Deli.

Chapman, V.J. 1962. *The Algae.* Macmillan, Londres.

Fritsch, F. E. 1935. *The structure and reproduction of algae.* Vol. 1. Cambridge University Press, Cambridge.

Guiry, M. D. 2012. Quantas espécies de algas existem? *J. Phyco.*, 48:10571063.

Guiry, M.D. e Guiry, G.M. 2011. *Algae Base.* Publicação eletrónica mundial, Universidade Nacional da Irlanda, Galway. http://www. algaebase.org.

James, E. G., Lee, W.W. e Linda, E.G. 2009. *Algae.* Benjamin-Cummings Publishing Company, EUA.

Lee, R.E.1989. *Phycology*. Cambridge University Press, Nova Iorque.

Lee, R.E.1989. *Phycology*. Cambridge University Press, Nova Iorque.

Papenfuss, G.F. 1955. *Classification of Algae*. Proc. Calif. Acad. Sci., San Fransisco. pp 115-224.

Prescott, G.W. 1969. *The Algae: A Review*. Thomas Nelson and Son, Londres.

Round, F.E. 1973. *The biology of Algae*. Edward Arnold Publishers, Londres.

Sambamurty, A.V.S.S. 2005. *A text book of Algae*. I. K. International Pvt. Ltd., Nova Deli.

Smith, G.M. 1955. *Cryptogamic Botany*, Vol.1 Second edn. McGraw-Hill Book Co., Nova Iorque.

CAPÍTULO 2

DIVERSIDADE DE ALGAS EM ARROZAIS

A diversidade e a abundância de algas em campos de arroz de água doce têm sido registadas por vários autores desde 1907, após os relatos de Fritsch. Okuda e Yamaguchi (1956) referiram que, nos solos de arroz japoneses, as espécies comuns pertenciam aos géneros *Nostoc, Anabaena* e *Tolypothrix.* Espécies de Chlorophyta, Cyanophyta, Chrysophyta e Euglenophyta foram observadas por Pantastico e Suayan (1974) nos campos de arroz das Filipinas. El-Nawawy e Hamdi (1975) registaram espécies de *Calothrix, Anabaena, Hapalosiphon, Cylindrospermum, Nostoc, Scytonema, Symploca* e *Nodularia* em solos egípcios. Cambra e Aboa (1992) efectuaram um levantamento das algas verdes filamentosas em Espanha, bem como da sua distribuição e ecologia. De acordo com Whitton (2000), as cianobactérias são predominantes nos arrozais, das quais cerca de 50% são heterocistos. Issa *et al.* (2000) registaram três filos Chlorophyta, Cyanophyta e Euglenophyta em campos de arroz no Egipto. O crescimento excessivo de algas verdes e cianobactérias nos arrozais da Califórnia foi registado por Spencer e Lembi (2007). Siahbalaei *et al.* (2011) registaram pela primeira vez a presença de oito algas filamentosas heterocíticas do género Nostocacea em arrozais do Irão. A observação de algas em campos de arroz da Nigéria foi registada por Nweze e Ude (2013). Observaram um total de oito taxa de algas distribuídos em Bacillariophyta, Chlorophyta, Cyanophyta e Euglenophyta. Lin *et al.* (2013) identificaram sessenta e quatro taxa pertencentes a trinta e três géneros de cianobactérias, diatomáceas, algas verdes e euglenoides de diferentes terrenos agrícolas, incluindo campos de arroz de Taiwan.

Existem vários relatórios sobre algas de campos de arroz de diferentes estados da Índia (Kolte e Goyal, 1986; Anand *et al.*, 1995; Singh *et al.*, 1997; Sahu *et al.*, 1997; Amitadevi *et al.*, 1999; Nayak *et al.* 2001; Kaushik e Prasanna, 2002; Nayak e Prasanna, 2007; Digambar Rao *et al.*, 2008). Choudhury (2009) estudou a ocorrência periódica de membros de Chroococcaceae nos campos de arroz do Norte de Bihar e identificou 28 espécies de cianobactérias pertencentes a 9 géneros. Gomes *et al.* (2011) relataram a abundância de cianobactérias em vários habitats de áreas de campos de arroz em Goa e registaram um total de dezasseis géneros e noventa espécies de algas azuis-verdes heterocistos, não heterocistos e unicelulares. Selvi e Sivakumar (2011) registaram a diversidade de cianobactérias e os respectivos parâmetros físico-químicos em arrozais do distrito de Cuddalore, Tamilnadu. Os resultados mostraram que o número máximo de algas azuis-verdes era constituído por formas não heterocístas e que as formas filamentosas heterocístas apresentavam uma distribuição e diversidade limitadas. Entre as trinta e cinco espécies identificadas, vinte e uma espécies eram não heterocistos pertencentes aos géneros *Arthrospira, Gloeocapsa, Gloeothece, Lyngbya, Merismopedia, Oscillatoria, Phormidium e Spirulina,* e catorze espécies eram formas heterocistosas pertencentes aos géneros *Anabaena, Cylnidrospermum, Calothrix e Nostoc.* Também relataram a presença de trinta formas heteróclitas, desta região posteriormente (Selvi e Sivakumar, 2012). Dey e Bastia (2012) realizaram um levantamento taxonómico da família Rivulariaceae nos campos de arroz do norte de Odisha e indicaram que o género *Calothrix* era a cianobactéria mais dominante, com cinco espécies, e *Gloeotrichia* era o segundo género dominante, com quatro espécies. Kumar e Sahu (2012) registaram a diversidade de algas verdes em relação à variação sazonal nos arrozais da zona de Lalgutwa, Ranchi, Jharkhand. Registaram vinte e quatro taxa clorofíceos com uma vasta gama de estruturas de talo. Maheshwari (2013) estudou a ocorrência de cianobactérias heterocistos em campos de arroz do distrito de Bundi, no Rajastão. No total, foram registadas doze espécies, das quais *Anabaena* era o género dominante. Sandhyarani e Kumar (2014) também registaram uma grande diversidade de cianobactérias heterocíticas nos campos de arroz do distrito de Warangal, em Andhra Pradesh. Roy e Keshri (2014) estudaram a ocorrência de nostocales (Cyanophyta) em lagos e zonas adjacentes de arrozais de Burdwan, Bengala Ocidental, e descreveram dezasseis espécies. Jain (2015) estudou a diversidade de algas azuis-verdes em arrozais de Madhya Pradesh e registou sessenta e seis espécies de algas azuis-verdes com uma vasta gama de estruturas de talo. Pertenciam às ordens Chroococcales, Oscillatoriales, Nostocales e Stigonematales.

Os primeiros relatórios sobre algas de campos de arroz no Estado de Kerala são os de

Parukutty (1940) e Aiyer (1965). Amma *et al.* (1966) estudaram a flora de algas do solo de Kuttanad. Anand e Hopper (1987) estudaram as algas dos campos de arroz de Kerala e identificaram trinta taxa, dos quais dez eram novos registos. Jose e Patel (1990) registaram *Ecballocystis ramosa* f. minor pela primeira vez na Índia. Panikkar e Ampili registaram espécies de *Oedogonium* (1992) e *Vaucheria* (1993). Ushadevi e Panikkar registaram *Mougeotia* (1993*)*, *Spirogyra* (1994) e *Zygnema* (1994) de diferentes partes de Kerala. Sindhu e Panikkar (1994) estudaram a ocorrência de desmídias nos arrozais de Kerala. Dominic *et al.* (1997) estudaram a biodiversidade de cianobactérias fixadoras de azoto de diferentes regiões agro-climáticas de Kerala. Panikkar e Sreeja (2005) descreveram a formação de zigósporos de desmídias do distrito de Kollam e estudaram o género *Closterium*. John e Francis (2007) efectuaram uma investigação exaustiva sobre a flora de algas de Thodupuzha thaluk, Kerala. Antony *et al.* (2008) identificaram trinta e nove taxa de Chlorophyceae e dezoito taxa de Bacillariophyceae num canal em Kuttanad. A diversidade e a variação sazonal das algas nas zonas húmidas de Muriyad foram referidas por Sanilkumar e Thomas (2006). Tessy e Sreekumar (2007, 2008, 2009, 2010 e 2011) comunicaram a diversidade do fitoplâncton e a sua variação sazonal nas zonas húmidas de Thrissur Kol. Registaram vários taxa pertencentes às classes Chlorophyceae, Desmidiaceae, Bacillariophyceae, Chrysophyceae, Euglenophyceae e Cyanophyceae.

As comunidades de algas nos arrozais incluem as que crescem na superfície do solo, nas águas estagnadas das cheias e as que vivem nas partículas de solo diretamente abaixo da superfície do solo. São altamente susceptíveis a alterações ambientais e apresentam variações qualitativas e quantitativas rápidas ao longo do ciclo de cultivo. De acordo com Fernandez-Valiente e Quesada (2004) "o fitoplâncton (principalmente clorofíceas e diatomáceas) desenvolve-se no início do ciclo de cultivo até à fase de perfilhamento. Desde o perfilhamento até ao início da panícula, a biomassa fotossintética aquática atinge os seus valores mais elevados. Durante este período, as algas verdes filamentosas e as cianobactérias não fixadoras de N_2 são dominantes, embora em alguns locais as cianobactérias fixadoras de N_2 se tornem abundantes. Também durante este período as macrófitas submersas desenvolvem populações densas. Desde o início da panícula até à colheita, a biomassa total diminui e as cianobactérias fixadoras de N₂ tornam-se dominantes".

A importância das algas nos sistemas de cultivo de arroz está diretamente relacionada com a capacidade de alguns dos seus membros fixarem o azoto atmosférico (Roger e Reynaud, 1978). O papel benéfico das algas nos sistemas agrícolas é resumido por Abdel-Raouf *et al.* (2012) como "1. Excreção de ácidos orgânicos que aumentam a disponibilidade e a absorção de fósforo, 2. Fornecimento de azoto por fixação biológica de azoto, 3. Aumento da matéria orgânica do solo, 4. Produção e libertação de substâncias extracelulares bioactivas que podem influenciar o crescimento e o desenvolvimento das plantas. Estas substâncias são reguladores do crescimento das plantas (PGRs), vitaminas, aminoácidos, polipéptidos, substâncias antibacterianas ou antifúngicas que exercem o biocontrolo de fitopatógenos e polímeros, especialmente exopolissacarídeos, que melhoram a estrutura do solo e a atividade exoenzimática, 5. Formação de crosta,6. Estabilização da agregação do solo por polissacáridos extracelulares do agregado do solo e 7. Concentração de iões metálicos presentes no seu ambiente".

A ocorrência e a composição das algas no ecossistema dos arrozais têm sido interpretadas de forma diversa em função de factores climáticos, propriedades do solo e factores bióticos (Roger e Reynaud, 1982). A disponibilidade de luz, nutrientes minerais, humidade e pH são factores físico-químicos decisivos para o desenvolvimento da comunidade de algas. Os factores climáticos, bem como a cultura, determinam a disponibilidade de luz que atinge a superfície do solo. Em geral, as algas verdes toleram condições de luz mais elevadas e as algas azuis-verdes desenvolvem-se com baixa intensidade de luz (Roger e Reynaud, 1979). Entre os factores climáticos, a luz, a temperatura e a humidade geralmente não limitam o crescimento das algas nos arrozais tropicais húmidos. O pH do solo é importante porque está relacionado com a solubilidade dos minerais nutrientes. O crescimento das algas azuis-verdes é favorecido por um pH neutro a alcalino. O crescimento de algas azuis-verdes fixadoras de azoto em campos de arroz é limitado por pH e fósforo baixos e a aplicação de fósforo juntamente com cal mostrou resultados positivos (Roger e Kulasooriya, 1980). De acordo com Kumar (2002), uma correlação positiva entre nitratos e pH favorece o crescimento de cianofíceas. A USEPA (2002) referiu que as Cyanophyta e Chlorophyta apresentam uma correlação positiva significativa com a precipitação e o amoníaco. A razão é atribuída ao aumento do fornecimento de nutrientes através do escoamento superficial e da oxidação do amoníaco em nitrato. Budel e Lange (2003) registaram uma correlação positiva significativa entre a areia muito fina e as espécies de cianobactérias, enquanto o silte e a argila apresentaram uma correlação positiva significativa com as espécies de algas verdes. Fathi e Zaki (2003) referiram que as espécies de Chlorophyta apresentavam uma correlação positiva significativa com a percentagem da capacidade máxima de retenção de água e com a água capilar, ao passo que não havia correlação com as espécies de Cyanophyta. Foi observada uma redução do crescimento num grupo de algas tolerantes ao pH quando este excedia 9,5 (Pendersen, 2003). De acordo com Neustupa e Skaloud (2008), a disponibilidade de luz influencia a diversidade das algas. Shanthala *et al.* (2009) relataram que o nitrato é uma variável ambiental importante para a proliferação de Cyanophyceae e Euglenophyceae. Mansour e Shaaban (2010) referiram que o pH e a condutividade eléctrica afectam a disponibilidade de nutrientes no solo e, por sua vez, afectam a biodiversidade das algas do solo.

As práticas agrícolas, como a cultura e a lavoura, a fertilização e a aplicação de pesticidas, também afectam o crescimento e a ocorrência de algas nos arrozais. A aplicação de fertilizantes azotados aumenta a abundância de algas, mas diminui a população de fixadores de azoto (Yoshida *et al.*, 1973). De acordo com Watenabe *et al.* (1977), os fertilizantes NPK promovem a fixação heterotrófica do azoto e suprimem a fixação autotrófica. A natureza e a qualidade do fertilizante, bem como o modo de aplicação, podem influenciar a flora algal, afectando a biomassa total e a capacidade de fixação do azoto (Roger e Reynaud 1979).

Os arrozais são susceptíveis ao escoamento de fertilizantes e pesticidas, que afectam diretamente a qualidade das águas superficiais e subterrâneas (Tirado *et al.*, 2008; Lamers *et al.*, 2011; Zanella *et al.*, 2011; Divya e Belagali, 2012). O efeito dos pesticidas em espécies individuais foi demonstrado por uma série de estudos *in vitro* (Mahapatra *et al.*, 1992); Das e Adhikary, 1996; Choudhury e Sarma, 2001; Suresh Babu *et al.*, 2001; Kumar *et al.*, 2009; 2012; Giriyappanavar, 2014). Roger *et al.* (1994) concluem que os herbicidas são mais prejudiciais para o fitoplâncton do que os insecticidas. Estudos de campo realizados em regiões temperadas mostraram que os pesticidas diminuem a abundância do fitoplâncton (Takamura, *et al.*, 1986), reduzem a diversidade do fitoplâncton (Tomaselli, 1987) e alteram a composição da população devido à toxicidade selectiva.

A superfície oxidada do solo dos campos de arroz é mais estável ao longo do ciclo de cultivo do que a água transitória das cheias. As algas que florescem nesta camada fótica do solo incluem espécies unicelulares planctónicas e coloniais, bem como filamentos. O crescimento excessivo de espécies filamentosas formadoras de tapetes é conhecido por enredar as plântulas de arroz e arrancá-las quando os tapetes se deslocam.

Referências

Abdel-Raouf, N., Al-Homaidan, A. A., e Ibraheem, I. B. M. 2012. Importância agrícola das algas. *Jornal Africano de Biotecnologia*, 11(54):11648-11658.

Amitadevi, G. H., Dorycanta, H. e Singh, N. I. 1999. Cyanobacterial flora of rice fields in Kerala State. *Agri.Res. J. Kerala,3:* 100-104.

Amma, P. A., Aiyer, R. S. e Subramoney, N., 1966. Ocorrência de algas azuis-verdes em solos ácidos de Kerala. *Agriculture Res. J. Kerala*, 4: 141-146.

Anand, N., Hopper, R. S. e Shanthakumar, H., 1995. Distribuição de algas verdes azuis em campos de arroz do Estado de Kerala, Índia. *Phykos*, 35:55- 64.

Anand, N., Hopper, R.S.S. 1987. Blue green algae from rice fields in Kerala state, India. *Hydrobiologia*, 144: 223-232.

Antony, M.J., Sylas, V.P., Mathew, C.J. e Thomas, A.P. 2008. Riqueza de espécies e diversidade de Chlorophyceae e Bacillariophyceae em relação às variáveis ambientais numa massa de água doce de Kuttanad, Kerala. *Proc. Conf. Internacional. Biodiversity Conservation and Management,* Cátedra Rajiv Gandhi de Estudos Contemporâneos, Universidade de Ciência e Tecnologia de Cochim, Cochim.

Budel, B. e Lange, O.L. 2003. Sinopse: Comparative biogeography and ecology of soil-crust biota and communities. In. *Biological soil crusts: Structure, Function and Management*, Belnap J., Lange, O. (eds.). SpringerVerlag : Berlim, 141-152.

Cambra, J. e Aboal, M. 1992. Algas verdes filamentosas de Espanha: distribuição e ecologia. In: *Limnologia em Espanha*. (Ed. por C. Montes e C. Duarte), Asociacion Espanola de Limnologia, Madrid, pp. 213-220.

Chaudhury, K. e Sarma, G. C. 2001. Effect of pesticides on certain algae from tea garden soil. *Jour. Adv. Sci.*, 3: 99-102.

Choudhury, K.K. 2009. Ocorrência de Chroococcaceae durante o cultivo de arroz em Bihar do Norte, Índia. *Bangladesh J. Plant Taxon*, 16(1): 57-63.

Das, M. K. e Adhikary, S. P. 1996. Toxicidade de três pesticidas para várias cianobactérias de arrozal. *Trop. Agric., (Trinidad)*, 73: 155-157.

Dey, H., e Bastia, A. K. 2012. Abundância da Família Rivulariaceae de Cianobactérias de Campos de Arroz do Norte de Odisha, *Índia.J. Algal Biomass Utln.* 3 (4):1 - 4.

Digambar Rao, B., Srinivas, D., Padmaja, O. e Rani, K. 2008. Blue-green algae of rice fields of South Telangana region, Andhra Pradesh. *Indian Hydrobiology*, 11(1):79-83.

Divya, J. e Belagali, S. L. 2012. Impacto dos fertilizantes químicos na qualidade da água em áreas agrícolas seleccionadas do distrito de Mysore, Karnataka, Índia. *Jornal Internacional de Ciências Ambientais*, 2(3):1449-1458.

Dominic, C.V., John, J., Sugunan P.R. e Joseph, R. 1997. Biodiversidade de cianobactérias fixadoras de azoto de diferentes regiões agroclimáticas de Kerala. *Actas do 9º Congresso Científico de Kerala*, Thiruvanamthapuram.

El-Nawawy, A.S. e Hamdi, Y.A. 1975. Investigação sobre algas azuis-verdes no Egipto. In: *Nitrogen Fixation by Free-living Microorganisms*. W.D.P. Stewart, ed. Cambridge University Press, pp 221-228. 22.

Fathi, A.A. e Zaki, F.T. 2003. Levantamento preliminar de algas edáficas na região de El Minia, vale do Nilo, Egipto. *Egyptian J. of Phycol*, 4(2): 131-148.

Fernandez-Valiente, E. e Quesada, A. 2004. Um ecossistema de águas pouco profundas: os arrozais. A importância das cianobactérias no ecossistema. *Limnetica*, 23(1-2), 95-108.

Giriyappanavar, B. S. 2014. Resposta sinérgica e antagónica de combinações de insecticidas em Hapalosiphon stuhlmanii (Cyanobacteria). *Jornal Internacional de Pesquisa Interdisciplinar Online*, Vol-IV, janeiro.

Gomes, A.F.D.E., Veeresh, A.V. e Rodrigues, B.F. 2011. Densidade e diversidade de algas verdes azuis dos campos de arroz de Goa. *International Journal of Advanced Biological Reserch*,

1(1):08-14.

Issa, A., Adam, M. S., Mohammed, A. A. e Hifney, A. F. 2000. A comparative study of algal communities on cultivated and uncultivated soils, *Pakistan Journal of Biological Sciences,* 3(4):615-620.

Jain, N. 2015. Diversidade de algas azuis-verdes e estudo sobre parâmetros físico-químicos relacionados de campos de arroz do distrito de Chhatarpur de Madhya Pradesh. *Revista Internacional de Investigação e Desenvolvimento em Farmácia e Ciências da Vida,* 4(2): 1456-1462.

John, J. e Francis, M.S. 2007. Investigação sobre a flora algal de ThodupuzhaThaluk, Kerala. *J. Indian Hydrobiol,* 10: 79-86.

Jose, L. e Patel, R.J. 1990. Ecballocystis ramosa f minor r bourrellyetcoute uma alga verde rara da Índia. *Cryptogamie Algologie,* 11(4): 305-308.

Kaushik, B.D. e Prasanna, R. 2002. Improved Cyanobacterial biofertilizer production and N-saving in rice cultivation. *Sustainable Aquaculture,* (eds.) Sahoo, D. e S.Z. Quasim. P.P.H. Publishing Corporation, Nova Deli, 145-155.

Kolte, S.O. e Goyel, S.K.1986. Padrão de distribuição de algas verdes azuis em solos de arrozais da região de Vidarbha do Estado de Maharashtra. *Phykos,* 34: 65-69.

Kumar A. e Sahu R. 2012. Diversidade de algas (Cholorophyceae) em campos de arroz da área de Lalgutwa, Ranchi, Jharkhand. *J. App. Pharm Sci.,* 2 (11): 092095.

Kumar A. e Sahu R. 2012. Diversidade de algas (Cholorophyceae) em campos de arroz da área de Lalgutwa, Ranchi, Jharkhand. *J. App. Pharm Sci.,* 2 (11): 092095.

Kumar, A. 2002. A toxina das cianobactérias, problema emergente da qualidade da água. In: *Ecology of polluted waters (Ecologia de águas poluídas)* (Ed. Aravind Kumar). APH Press, Nova Deli, pp. 1245-1276.

Kumar, N.J.I., Kumar Rita, N., Bora A. e Amb, M. K. 2009. Investigação fotossintética, bioquímica e enzimática de Anabaena fertilissima em resposta a um inseticida hexacloro-hexahidrometano-óxido de benzodioxatiepina. *J. Stress Physiol. Biochem.,* 5(3): 4-12.

Lamers, M., Anyusheva, M., La, N., Nguyen, V. V. e Streck, T. 2011. Pesticide Pollution in Surface-and Groundwater by Paddy Rice Cultivation: Um estudo de caso do Norte do Vietname. *Clean-Soil, Air, Water,* 39(4): 356-361.

Lin, C. S., Chou, T. L., e Wu, J. T. 2013. Biodiversidade de algas do solo nas terras agrícolas do meio de Taiwan. *Botanical Studies,* 54(1): 41.

Mahapatra, P.K., Sehth, P.K. e Mohanti, R.C. 1992. Efeito do Demithote no comportamento de crescimento e na capacidade de fixação de azoto de Anabaena doliolum em diferentes condições ambientais. *Proc. Natl. Symp. Cyanobacterial Nitrogen Fixation*, Instalação nacional de recolha de algas verdes azuis, IARI. Nova Deli.

Maheshwari, R. 2013. Distribuição de algas verde-azuladas em campos de arroz do distrito de Bundi, Rajastão, Índia. *Int. J. Rec. Biotech.*, 1(2): 24-26.

Mansour, H.A. e A.S. Shaaban. 2010. Algas da camada superficial do solo da área de proteção de wadi Al- Hitan (Património Mundial), depressão de El-Fayum. *Egipto. J. Am. Sci.*, 6: 243-255.

Nayak S, Prassana, R, Dominic, T. K. e Singh, P.K. 2001. Abundância florística e distribuição relativa de diferentes géneros de cianobactérias no solo dos arrozais em diferentes fases de crescimento das culturas. *Phykos*, 40:14-21.

Nayak, S. e Prasanna, R. 2007. Soil pH and its role in cyanobacterial abundance and diversity in rice field soils. *Applied Ecology and Environmental Research*, 5(2):103-113.

Neustupa, J. e Skaloud, P. 2008. Diversidade de algas subaéreas e cianobactérias na casca de árvores em habitats de montanhas tropicais. *Biologia, 63:* 806-812.

Nweze, N. O. e Ude, B. O. 2013. Algas e características físico-químicas do campo de arroz Adani, Estado de Enugu, Nigéria. *IOSR Journal of Pharmacy and Biological Sciences* , 8(5): 12-18.

Okuda, A. e Yamaguchi, M. 1956. Distribuição de microorganismos fixadores de azoto em solos de arroz no Japão. *Trans 6th Internatl. Cong. Soil Sci.*, p 521.

Panikkar, M.V.N e Ampili, P. 1993. Sobre as espécies de Vaucheria de Kerala. *Bionature*, 11: 157-159.

Panikkar, M.V.N. e Ampili, P. 1992. Três novas espécies de Oedogonium Link das águas seguintes de Kerala. *J. Econ. Tax. Bot.*, 16(1):223-225.

Panikkar, M.V.N. e Sreeja, K. 2005. Formação de zigósporos de desmídias do distrito de Kollam, Kerala. Índia. *Feddes Repertorium* ,116(3-4):218-221.

Pantastico, J. B. e Suayan, Z. A. 1974. Sucessão de algas no arrozal de College e Bay Laguna, Filipinas, *Agricultura*, 57: 313-326.

Parukutty, P. R. 1940. The Myxophyceae of the Travancore State, India. *Proc. Indian Acad. Sci. B.*, 11: 117-124

Roger, P. A., Simpson, I., Oficialc, R., Ardales, S. e Jimenez, R. 1994. Effects of Pesticides on Soil and Water Microflora and Mesofauna in Wetland Ricefields: A Summary of Current Knowledge and Extrapolation to Temperate Environments. *Australian Journal of Experimental Agriculture,* 34, 1057-1068.

Roger, P.A. e Kulasooriya, S.A. 1980. *Blue-green algae and rice.* Instituto Internacional de Investigação do Arroz, Los Banos. Filipinas.

Roger, P.A. e Reynaud, P.A. 1978. N2-fixing algal biomass in Senegal rice fields, Environmental Role of Nitrogen-fixing Blue-green Algae and asymbiotic Bacteria, *Ecol. Bull.* 26: 148- 157.

Roger, P.A. e Reynaud, P.A. 1979. *Ecology of blue green algae in paddy fields.* Instituto Internacional de Investigação do Arroz, Los Banos, Filipinas.

Roger, P.A. e Reynaud, P.A. 1982. Free-living Blue-green Algae in Tropical Soils. Martinus Nijh off Publisher, La Hague Sahu JK, Nayak H e Adhikary SP, Blue green algae of rice fields of Orissa State. Padrão de distribuição em diferentes zonas agroclimáticas. *Phykos,* 1997; 35: 93- 110.

Roy, S., e Keshri, J. P. 2014. Sobre a ocorrência dos membros de nostocales (cyanophyta) de Burdwan, Bengala Ocidental, Índia, com uma nota sobre sua ecologia. *Jornal Internacional de Ciências da Vida, Biotecnologia e Investigação Farmacêutica,* 3(3);126-149.

Sandhyarani, G. e Praveen Kumar, K. 2014. Distribuição de algas azuis-verdes em campos de arroz do distrito de Warangal de Andhra Pradesh, Índia. *Jornal Internacional de Tecnologia Alimentar e Dietética* , 1(1):6-8.

Sanilkumar, M.G. e Thomas, K.J. 2006. Diversidade e variação sazonal de algas na zona húmida de Muriyad (parte das zonas húmidas de Vembanad-Kol - sítio Ramsar). *J.Econ.Taxon.Bot.,* 30: 656-666.

Selvi, K. T., e Sivakumar, K. 2011. Diversidade de cianobactérias e parâmetros físico-químicos relacionados em campos de arroz do distrito de Cuddalore, tamilnadu. *Revista Internacional de Investigação em Ciência e Tecnologia Ambiental,* 1(2): 7-15.

Selvi, T.K. e Sivakumar, K. 2012. Efeito das cianobactérias nos parâmetros de crescimento e rendimento em Oryza sativa (ADT 38). *Revista Internacional de Investigação para o Desenvolvimento* 2: 1008-1011.

Shanthala, M., P.H. Sankar e Basaling, B.H. 2009. Diversidade de fitoplânctons em uma lagoa de estabilização de resíduos em Shimoga Twon, Estado de Karnataka, Índia. *Environ. Monitor. Assess,* 151: 437- 443.

Siahbalaei, R., Afsharzadeh, S. e Shokravi, S. 2011. Novos registos de cianobactérias nostálgicas de campos de arroz na província de Golestan, no nordeste do Irão. *Progresso em Ciências Biológicas,* 1(2):50-55.

Sindhu, P. e Panikkar, M.V.N. 1994. Ocorrência da flora de Desmid nos arrozais de Kerala-I. Pleurotaenium Nageli. *J. Econ. Tax. Bot.,* 18: 601603.

Singh, N.I., Singh, N.S., Devi, G.A. e Singh, S.M, 1997. Bluegreen algae from rice growing areas of Arunachal Pradesh. *Phykos,* 36:21-26.

Singh, N.I., Singh, N.S., Devi, G.A. e Singh, S.M, 1997. Bluegreen algae from rice growing areas of Arunachal Pradesh. *Phykos,* 36:21-26.

Spencer, D. e Lembi, C. 2007. Avaliação da palha de cevada como método alternativo de controlo de algas nos campos de arroz do norte da Califórnia. *J Aquat. Plant Manage,* 45, 84-90.

Suresh Babu, G., Hans, R.K., Singh, J., Vishwanathan, P.N. e Joshi, P.C. 2001. Effect of lindane and growth and metabolic activity of cyanobacteria. *Ecotoxicol. EnvSaf.,* 48(2): 219-221.

Takamura, K., e Yasuno, M. 1986. Effects of pesticide application on chironomid larvae and ostracods in ricefields. *Applied Entomology and Zoology,* 21:370-6.

Tessy, P.P. e Sreekumar, R. 2007. Ocorrência do desmídeo Micrasterias Agarth nas zonas húmidas de Kole Thrissur, Kerala. *Indian Hydrobiology,* 10(2): 371376.

Tessy, P.P. e Sreekumar, R. 2008. Avaliação da diversidade do fitoplâncton e dos parâmetros hidrográficos nas zonas húmidas de Thrissur Kole, Kerala, Índia. *Proc. Conf. Internacional. Biodiversity Conservation and Management,* Cátedra Rajiv Gandhi de Estudos Contemporâneos, Universidade de Ciência e Tecnologia de Cochim, Cochim.

Tessy, P.P. e Sreekumar, R. 2009. Avaliação da biodiversidade e variação sazonal das algas de água doce nas zonas húmidas de Thrissur Kol, Kerala. *J. Econ.Taxon. Bot.,* 33(3): 721-732.

Tessy, P.P. e Sreekumar, R. 2010. Diversidade de algas verdes azuis nas zonas húmidas de Thrissur Kol, Kerala, Índia. *Proc. Conf. Internacional. The green path to suatainability : Prospects and challenges,* Cátedra Rajiv Gandhi de Estudos Contemporâneos, Universidade de Ciência e Tecnologia de Cochim, Cochim.

Tessy, P.P. e Sreekumar, R. 2011. Diversidade e distribuição de algas de água doce pertencentes a Xanthophyceae, Chrysophyceae e Dinophyceae das terras Kole de Thrissur, Kerala. In. *Actas da conferência nacional patrocinada pela UGC sobre Biodiversidade e bioprospecção com referência a plantas e micróbios, BIOPROS-11,* Kalpetta e Swadeshi Science movement, Kochi.

Tirado, R., Englande, A. J., Promakasikorn, L. e Novotny, V. 2008. *Use of agrochemicals in Thailand and its consequences for the environment (Utilização de agroquímicos na Tailândia e suas consequências para o ambiente).* Nota técnica do Laboratório de Investigação Green Peace, fevereiro.

Tomaselli, L., Giovannetti, L., e Materassi, R. 1987. Effect of simazine on nitrogen-fixing cyanobacteria in soil. *Annali di Microbiologiaed Etizitnologia*, 37:183-92.

Agência de Proteção Ambiental dos Estados Unidos. 2002. *Methods for evaluating wetland condition: using algae to assess environmental conditions in wetland.* Washington DC: Gabinete da Água, Agência de Proteção do Ambiente dos EUA.

Ushadevi, K. e Panikkar, M.V.N. 1993. Espécies de MougeotiaAgarth de Kerala, Índia. *Phykos*, 32(1-2): 159-164.

Ushadevi, K. e Panikkar, M.V.N. 1994. Espécies de Sirogonium (Zygnematales, Chlorophyta) de Kerala, Índia. *Phykos*, 33(1-2): 71-75.

Watanabe, I., Lee, K.K., Alinagona, B.V., Sato, M., del Rosario, D.C. e de Guznara, M.R. 1977. Biological nitrogen fixation in paddy field studies by in situ: acetylene reduction assays. *IRRI Research Paper Series No. 3.* p.16.

Whitton, B. A. 2000. Soils and rice-fields (Solos e campos de arroz). In: *The ecology of cyanobacteria, their diversity in time and space.* Whitton, B.A. e Potts,V. (eds), Kluwer Ac. Pub. Dordrecht. Holanda, 233- 255.

Yoshida, T., Roncal, R. A. e Bautista, E. M. 1973. Fixação de azoto atmosférico por microrganismos fotossintéticos num solo submerso. *Soil Sci. Plant Nutr.*, 19: 117-123.

Zanella, R., Adaime, M. B., Peixoto, S. C., Friggi, C. D. A., Prestes, O. D., Machado, S. L. e Primel, E. G. 2011. *Persistência de herbicidas na água de arrozais no sul do Brasil.* Mohammed NaguibAbdEl-Ghany Hasaneen, 183.

CAPÍTULO 3

DIVERSIDADE DE ALGAS FILAMENTOSAS DE ARROZAIS EM KERALA

Kerala, o epítome da biodiversidade, situa-se ao longo da costa, no extremo sudoeste da península indiana, ladeado pelo Mar Arábico a oeste e pelas cadeias montanhosas dos grandes Ghats Ocidentais a leste. Esta terra de Parasurama estende-se de norte a sul ao longo de uma linha costeira de 580 kms, com uma largura variável de 35 a 120 kms. Descendo delicadamente pelas colinas até às costas cobertas de coqueiros verdejantes, a topografia e as características físicas mudam nitidamente de leste para oeste. A natureza do terreno e as suas características físicas dividem uma secção transversal leste-oeste do Estado em três regiões distintas - colinas e vales, terras médias e planícies e a região costeira, que faz da terra uma beleza eterna, abrange 1,18% do país.

O ambiente biogeográfico típico, especialmente as vastas extensões de campos de arroz em todo o estado, também favorece a diversidade de algas. De acordo com Easa (2004), existem 834 taxa de algas, incluindo formas de água doce e marinhas, registadas no estado de Kerala. Enquanto John (2008) registou 494 taxa de algas só no distrito de Idukki, dos quais 327 pertencem a Chlorophyceae, 5 a Xanthophyceae, 7 a Chrysophyceae, 53 a Bacillariophyceae, 1 a Cryptophyceae, 3 a Dinophyceae, 32 a Euglenineae, 8 a Rhodophyceae e 58 a Cyanophyceae. Dos 493 táxons, 20 são de Chlorophyceae, 2 de Chrysophyceae, 6 de Euglenineae, 2 de Rhodophyceae e 8 de Cyanophyceae. O presente trabalho conglomera detalhes taxonómicos e morfológicos de 71 algas filamentosas de arrozais em Kerala de uma forma simples (Quadro 1).

Quadro 1: Algas filamentosas dos arrozais em Kerala

1.	***Lyngbya bergi*** Smith, G.M. Division - Cyanophyta Class- Cyanophyceae Order-Nostocales Family- Oscillatoriaceae (Desikachary 1959, p. 296, Pl. 50, Fig.7, 8)	Filaments straight, 16-18µm broad, sheath firm, colourless, trichome not constricted at the cross walls, cells 15-20µm broad, ends rounded, not attenuated, not capitate; cells shorter than broad.	
2.	***Lyngbya magnifica*** Gardner Division –Cyanophyta Class- Cyanophyceae Order-Nostocales Family- Oscillatoriaceae (Desikachary 1959, p. 320)	Filaments long, straight 30-36µm broad, sheath 1.5-2µm thick, colourless; trichome 28-32µm broad, not attenuated at the ends, not constricted at cross-walls, cells 3-4µm long, end cell rounded.	
3.	***Lyngbya hieronymusii*** Lemm Division –Cyanophyta Class- Cyanophyceae Order-Nostocales Family- Oscillatoriaceae (Desikachary 1959, p. 297, Pl. 48, Fig.4)	Filaments straight or slightly bent, 12-13µm broad; sheath firm, colourless; cells 10-12µm broad, 2-3µm long, not constricted at the cross-walls, granulated, with gas- vacuoles, not attenuated; end cell rounded.	

4.	*Lyngbya major* Menegh ex Gomont Division –Cyanophyta Class- Cyanophyceae Order-Nostocales Family- Oscillatoriaceae (Desikachary 1959, p. 320, Pl. 52, Fig.11)	Filaments long, straight, cells17-20µm broad, 2-3µm long, granulated at the septa, not constricted at the cross-walls, sheath thick, end cell rounded.	
5.	*Lyngbya shackletonic* W.et G.S.West Division –Cyanophyta Class- Cyanophyceae Order-Nostocales Family- Oscillatoriaceae (Desikachary 1959, p .296, Pl. 53, Fig.13)	Filaments straight, 12-12.5µm broad; sheath firm, colourless; trichome not constricted at the cross walls; not attenuated at the ends; cells 2-3µm long.	
6.	*Lyngbya dendrobia* Bruhl et Biswas Division –Cyanophyta Class- Cyanophyceae Order-Nostocales Family- Oscillatoriaceae (Desikachary 1959, p. 302, Pl. 50, Figs3, 10 & Pl. 55, Figs.2-4)	Trichome 11-13 µm broad, sheath 2-2.5 µm thick, colourless, trichome 8-10 µm broad, not constricted at the cross-walls, cells 2-3 µm long.	
7.	*Lyngbya palmarum* (Martens) Bruhl et Biswas Division –Cyanophyta Class- Cyanophyceae Order-Nostocales Family- Oscillatoriaceae (Desikachary 1959, p. 301, Pl. 55, Fig.6)	Trchome 5-7 µm broad, not constricted at the cross-walls; apices rounded, cells 3-4 µm long.	

8.	***Lyngbya martensiana*** Menegh ex Gomont Division –Cyanophyta Class- Cyanophyceae Order-Nostocales Family- Oscillatoriaceae (Desikachary 1959, p.318, Pl. 52, Fig.6)	Trichome 8-11µm broad, not constricted at the cross-walls; sheath, colourless; apices not attenuated; cells 1-2 µm long; end cell rounded.	
9.	***Lyngbya semiplena*** (G.Ag.) J. Ag.ex Gomont Division –Cyanophyta Class- Cyanophyceae Order-Nostocales Family- Oscillatoriaceae (Desikachary 1959, p. 315, Pl. 49, Fig. 8, Pl. 52, Fig.7)	Trichome yellowish green, not constricted at the cross-walls, 8-10 µm broad; sheath thick, colourless; at the ends slightly attenuated, capitate, 2-3 µm long cells, end cell rounded.	
10.	***Lyngbya lutea*** (Agardh) Gomont Division –Cyanophyta Class- Cyanophyceae Order-Nostocales Family- Oscillatoriaceae	Thallus somewhat gelatinous, leathery, yellowish brown to olive-green, when dry often dark violet; filaments coiled and densely entangled; sheath colorless, smooth at first thin, but later up to 3 µ thick and lamellated, colored violet by chloro zinc iodine; trichome is not constricted at the cross-wall, not attenuated at the end, 2.5-6 µ broad, olive-green, cross-walls granulated; cells quadrate to 1/3 times as long; end	

		cells with rounded calyptra. Cells long 100 µm, breadth 10 µm.	
11.	***Lyngbya circumcreta*** West (Desikachary 1959). Division –Cyanophyta Class- Cyanophyceae Order-Nostocales Family- Oscillatoriaceae	Trichome is dull olive green, spirally coiled, not constricted at the cross walls and distinctly attenuated at both the ends. There is a thin and firm sheath, but not coloured. Cells are very short, 1 to 2 µm long and 2 to 3 µm broad, cross walls not granulated; apical cells are rounded.	
12.	***Lyngbya majuscula*** Harvey ex Gomont (Desikachary 1959) Division –Cyanophyta Class- Cyanophyceae Order-Nostocales Family- Oscillatoriaceae	Blue-green to yellowish brown thallus, but sheath is colurless. Trichome is not constricted at the cross walls, not attenuated at the ends, cross walls are not granulated, end cells are rotund and without calyptra. Cells have 1.5 to 2.0 µm length and 10 to 11 µm breadth.	

13.	***Oscillatoria splendida*** Grev. ex Gomont Division –Cyanophyta Class- Cyanophyceae Order-Nostocales Family- Oscillatoriaceae (Desikachary 1959, p .234, Pl. 37, Figs.7, 8 & Pl. 38, Fig.10 & Pl. 40, Fig.11)	Trichome straight, not constricted at the cross-walls, at the ends gradually attenuated, cells 2-5µm broad, 3-7µm long, end cells capitate, nearly rounded, without calyptra.	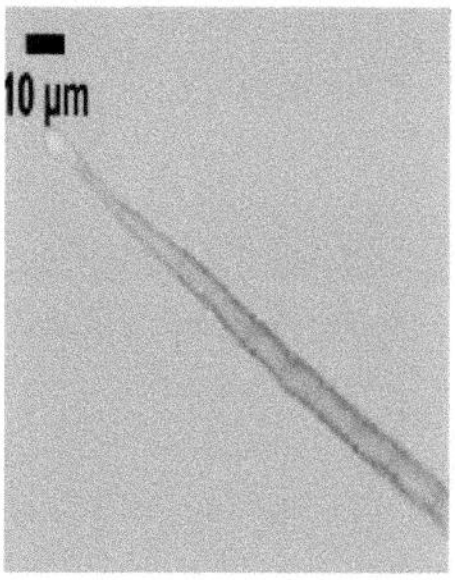
14.	***Oscillatoria acuminata*** Gomont Division –Cyanophyta Class- Cyanophyceae Order-Nostocales Family- Oscillatoriaceae (Desikachary 1959, p 240, Pl. 38, Fig.7 & Pl. 40, Fig.13)	Trichome more or less straight, not constricted at the cross-walls, 4-6µm broad, at the ends briefly tapering, sharply pointed, cells longer than broad, 6-8 µm long, end cell mucronate, without calyptra.	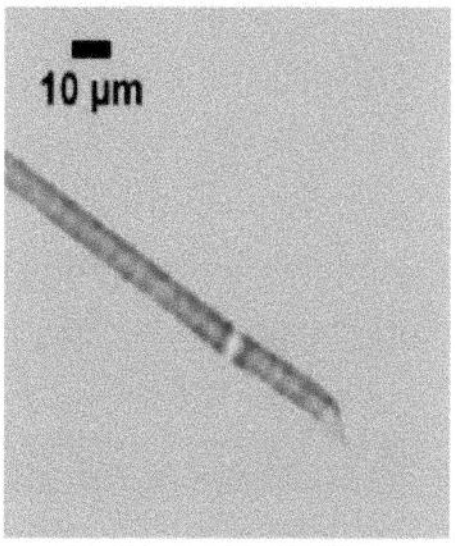
15.	***Oscillatoria princeps*** Vaucher ex Gomont Division –Cyanophyta Class- Cyanophyceae Order-Nostocales Family- Oscillatoriaceae (Desikachary 1959, p210, Pl.37, Figs.1,10,11,13, 14)	Trichome14-18µm broad, straight, not constricted at the cross-walls; cells 3-4µm long, apices slightly attenuated; end-cells rounded, slightly capitate, without thickened membrane.	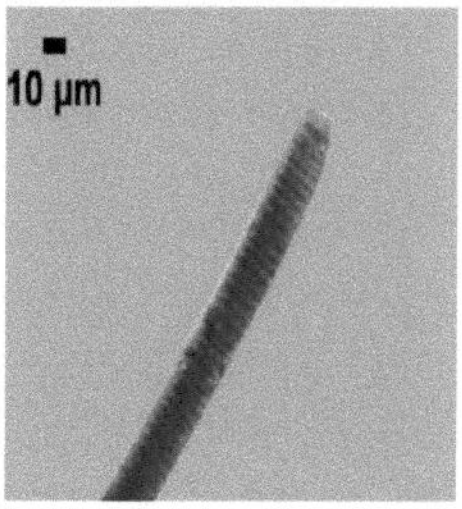

16.	*Oscillatoria subbrevis* Schmidle Division –Cyanophyta Class- Cyanophyceae Order-Nostocales Family- Oscillatoriaceae (Desikachary 1959, p. 207, Pl. 37 Fig.2 and Pl.40 Fig. 1)	Trichome 4-6μm broad, straight, not attenuated at the apices, cells 0.5-1μm long, end-cells rounded.	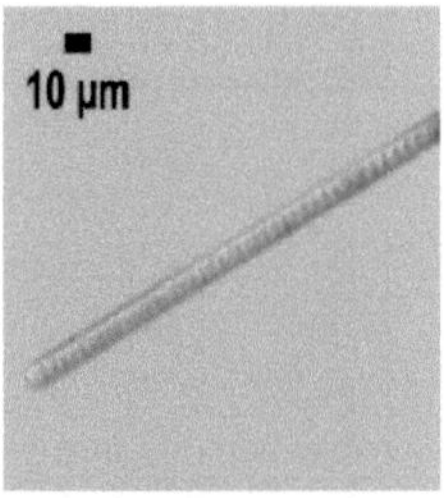
17.	*Oscillatoria tenuis* Ag. ex Gomont Division –Cyanophyta Class- Cyanophyceae Order-Nostocales Family- Oscillatoriaceae Desikachary 1959, p.222, Pl. 42, Fig.15)	Trichome straight, slightly constricted at the cross-walls; not attenuated at the apices; cells 10-14μm broad, 2-3μm long, at the septa mostly granulated, end cell more or less hemispherical.	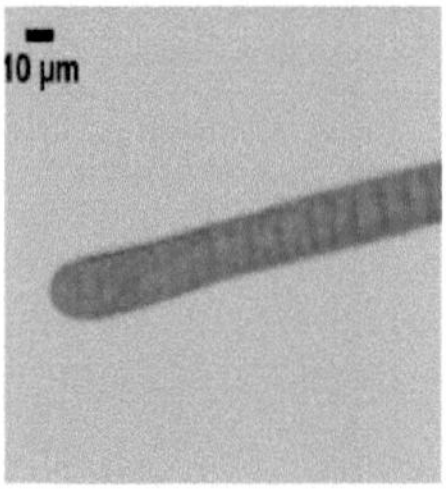
18.	*Oscillatoria limosa* Ag. ex Gomont Division –Cyanophyta Class- Cyanophyceae Order-Nostocales Family- Oscillatoriaceae (Desikachary 1959, p .206, Pl. 42, Fig.11)	Trichome more or less straight; not constricted at the cross-walls, 10-12μm broad, cells 2-4 μm long, cross walls frequently granulated; end cell flatly rounded.	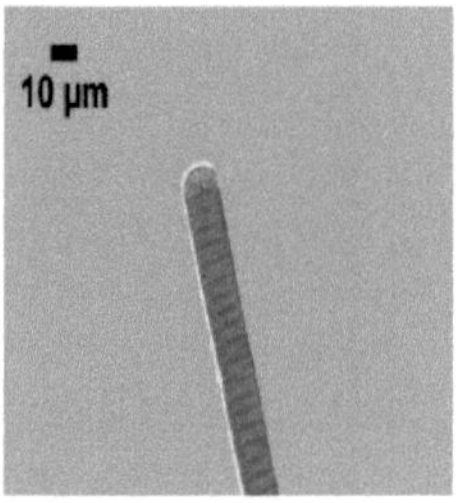

19.	***Oscillatoria sancta*** (kutz) Gomont Division –Cyanophyta Class- Cyanophyceae Order-Nostocales Family- Oscillatoriaceae (Desikachary 1959, p .203, Pl. 42, Fig.10)	Thallus dark blue-green, trichome straight, slightly constricted at the cross walls, ends briefly attenuated, cells 14-17µm broad, cells 2-3 µm long, cross walls frequently granulated, end cell hemispherical, capitate.	
20.	***Oscillatoria willi*** Grrdner em Drouet Division –Cyanophyta Class- Cyanophyceae Order-Nostocales Family- Oscillatoriaceae Desikachary,1959, p.217 pl.38 fig.5	Trichome bent at the ends 1-3 µm broad, not constricted at cross walls, end cell rounded.	
21.	***Oscillatoria vizagapatensis*** Rao, C.B. Division –Cyanophyta Class- Cyanophyceae Order-Nostocales Family- Oscillatoriaceae (Desikachary 1959, p 205, Pl. 39, Fig.16, 18)	Trichome straight, uniformly broad except at the extream apex, 8-9 µm broad; without constrictions at the cross walls, cells 2-1 µm long, and end cell broadly rounded forming a cap.	

22.	**_Oscillatoria perornata_** skuja Division –Cyanophyta Class- Cyanophyceae Order-Nostocales Family- Oscillatoriaceae (Desikachary 1959, p. 205, Pl. 41, Fig.8, 9, 14)	Trichomes 14-15µbroad; well constricted at the cross- walls, cell 3-5µm long, end cells hemispherical, calyptra absent.	10 µm
23.	**_Oscillatoria proboscidea_** Gomont Division –Cyanophyta Class- Cyanophyceae Order-Nostocales Family- Oscillatoriaceae (Desikachary 1959, p. 211, Pl. 38, Fig.9)	Trichome more or less straight, not constricted at the cross-walls, bent at the end, slightly attenuated, 9-12µm broad, cells 1-2 µm long, end cells flatly rounded, capitate.	10 µm
24.	**_Oscillatoria laete-virens_** (crouan) Gomont Division –Cyanophyta Class- Cyanophyceae Order-Nostocales Family- Oscillatoriaceae (Desikachary 1959, p. 213, Pl. 39, Fig.2, 3)	Thallus thin, trichome yellowish green, straight, slightly constricted at the cross-walls, 2-3µm broad, apices attenuated, cells 2-3 µm long, end cells not capitate, more or less conical.	10 µm
25.	**_Oscillatoria chalybea_** (Mertens) Gomont Division –Cyanophyta Class- Cyanophyceae Order-Nostocales Family- Oscillatoriaceae (Desikachary 1959, p. 218,	Trichome more or less straight, 8-11 µm broad; bent at the end, slightly attenuated; slightly constricted at the cross walls; cells 3-5 µm long, end cells obtuse.	10 µm

	Pl. 38, Fig.3)		
26.	***Oscillatoria raoi*** De Toni, J. Division –Cyanophyta Class- Cyanophyceae Order-Nostocales Family- Oscillatoriaceae (Desikachary 1959, p. 223, Pl. 42, Figs.16-19)	Trichome straight, uniform thickness, without constrictions at the joints, 6-9 µm broad, granules closely arranged on either side of the septa, cells 2-3 µm long, end cells rounded.	
27.	***Oscillatoria formosa*** Bory ex Gomont Division –Cyanophyta Class- Cyanophyceae Order-Nostocales Family- Oscillatoriaceae (Desikachary 1959, p. 232, Pl. 40, Fig.15)	Trichome straight, slightly constricted at the cross-walls,7-8 µm broad, attenuated at the ends; ,cells 3-4 µm long, end cell obtuse, not capitate.	
28.	***Oscillatoria rubescens*** Dc ex Gomont Division –Cyanophyta Class- Cyanophyceae Order-Nostocales Family- Oscillatoriaceae (Desikachary 1959, p. 235, Pl. 42, Fig.12)	Trichome straight, at the ends gradually attenuated, 6-7 µm broad, not constricted at the cross-walls, cells 2 µm long, and end cell capitate.	
29.	***Oscillatoria salina*** Biswas Division –Cyanophyta Class- Cyanophyceae Order-Nostocales Family- Oscillatoriaceae (Desikachary 1959)	Filaments are straight, elongate, erect, not constricted at the cross walls. Cells are 2 to 2.5 µm long and 4.5 to 5 µm broad.	

30.	***Oscillatoria nigroviridis*** Thwaites ex Gomont Division –Cyanophyta Class- Cyanophyceae Order-Nostocales Family- Oscillatoriaceae (Desikachary 1959)	Trichome is dark green, constricted and granulated at the cross wall, apical end is slightly bent at one side and with calyptra. Cells are 3 to 4 µm long and 7 to 8 µm broad.	
31.	***Oscillatoria geminata*** Meneghini ex Gomont Division –Cyanophyta Class- Cyanophyceae Order-Nostocales Family- Oscillatoriaceae (Guiry and Guiry 2012)	Trichome is uniseriate, conical or pointed at one end with rectangular cells, which are granulated at the centre and deeply constricted at the cross walls. Cells are 6 to 7 µm long and 2.5 to 3 µm broad.	
32.	***Oscillatoria boryana*** Bory ex Gomont Division –Cyanophyta Class- Cyanophyceae Order-Nostocales Family- Oscillatoriaceae (Desikachary 1959, p .218, Pl. 38, Fig.12)	Trichome straight, slightly constricted at the cross-walls, 4-7 µm broad; cells 4-7 µm long; end cell rounded.	
33.	***Oscillatoria amoena*** (kutz) Gomont Division –Cyanophyta Class- Cyanophyceae Order-Nostocales Family- Oscillatoriaceae (Desikachary 1959, p .230, Pl. 40, Fig.12)	Trichome straight, ends gradually attenuated, 5-8 µm broad; cells 2-3 µm long; end cells capitate, broadly conical with calyptra.	

34.	***Oscillatoria simplicissima*** Gomont Division –Cyanophyta Class- Cyanophyceae Order-Nostocales Family- Oscillatoriaceae (Desikachary 1959)	Trichomes are yellowish blue-green colour, straight and not constricted at the cross walls. Cell is 5 to 6 µm long and 9 to 10 µm broad; cross walls are not granulated and apical end is hemispherical.	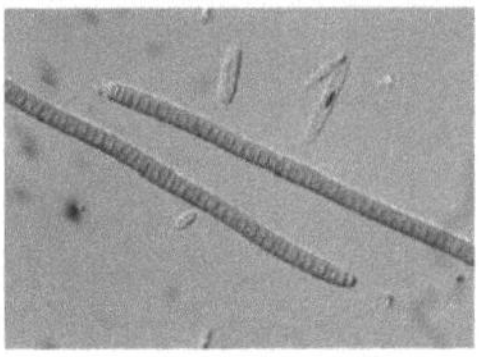
35.	***Oscillatoria earlei*** Gardner Division –Cyanophyta Class- Cyanophyceae Order-Nostocales Family- Oscillatoriaceae (Desikachary, 1959)	Trichomes are short, straight with a bent or curve at the apical attenuated ends. Cells are 2.5 to 3 µm long and 3 µm broad.	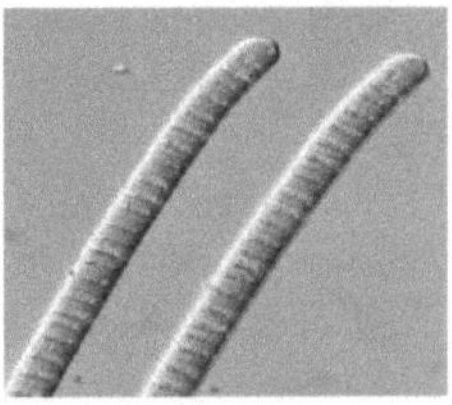
36.	***Spirulina princeps*** W. et G.S. West Division –Cyanophyta Class- Cyanophyceae Order-Nostocales Family- Oscillatoriaceae (Desikachary 1959, p .197, Pl. 36, Fig. 7)	Trichome 4-5 µm broad; regularly spirally coiled, spirals 10-12 µm broad.	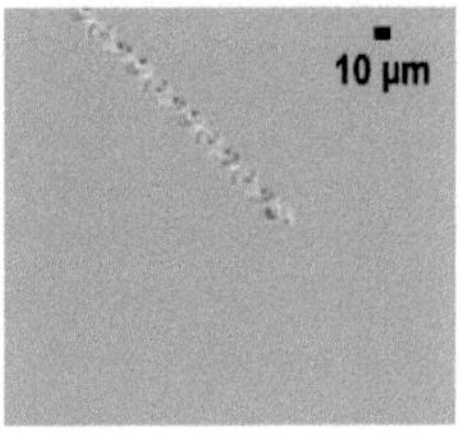
37.	***Spirulina laxissima*** G.S West. Division –Cyanophyta Class- Cyanophyceae Order-Nostocales Family- Oscillatoriaceae (Desikachary,1959, p.196 pl.36 fig.5)	Trichome 1-2 µm broad, spiral and very loose, but regular, 17.5-19.5 µm distant from each other	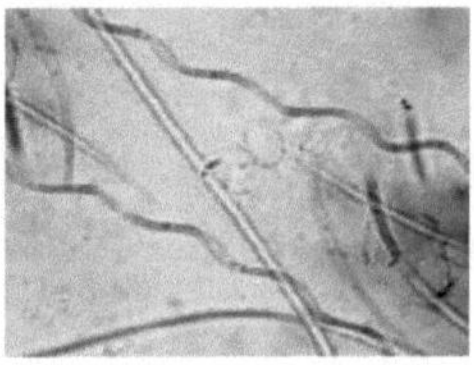

38.	***Spirulina gigantea*** Schmidle Division –Cyanophyta Class- Cyanophyceae Order-Nostocales Family- Oscillatoriaceae (Desikachary 1959, p. 197, Pl. 36, Fig. 12, 14, 17)	Trichome 3-4 μm broad; regularly spirally coiled, at the end conical attenuated, spirals 10-12 μm broad.	10 µm
39.	***Spirulina subsalsa*** Oerst. ex Gomont Division –Cyanophyta Class- Cyanophyceae Order-Nostocales Family- Oscillatoriaceae (Desikachary 1959, p.193, Pl. 36, Fig 3, 9)	Trichome 1-2 μm broad, blue-green colour, spirally coiled, spirals very close to each other, 3-4 μm broad.	10 µm
40.	***Phormidium tenue*** (Menegh.) Gomont Division –Cyanophyta Class- Cyanophyceae Order-Nostocales Family- Oscillatoriaceae (Desikachary 1959, p.259, Pl. 43, Figs. 13-15 & Pl.44, Figs.7-9)	Thallus thin, membranous, trichome straight, slightly constricted at the cross walls, 2-3μm broad; sheath thin; cells 4-5μm long, cells up to three times longer than broad.	10 µm
41.	***Phormidium retzii*** (Ag.) Gomont Division –Cyanophyta Class- Cyanophyceae Order-Nostocales Family- Oscillatoriaceae (Desikachary 1959, p. 268, Pl. 44, Figs. 13&15)	Filaments more or less straight, mostly constricted at the cross walls, not attenuated at the ends, not capitate, 11-13μm broad, sheath thin, cells6-9μ long.	10 µm

42.	*Phormidium abronema* Skuja Division –Cyanophyta Class- Cyanophyceae Order-Nostocales Family- Oscillatoriaceae (Desikachary 1959)	Light bluish thallus, more or less spirally coiled; cells are cylindrical, 4 to 5 µm broad and 2 to 3 µm long, septa not granulated, end cell is more nor less rounded.	
43.	*Phormidium inundatum* Kutzing ex Gomont Division –Cyanophyta Class- Cyanophyceae Order-Nostocales Family- Oscillatoriaceae (Desikachary 1959, p.271 and MahendraPerumal and Anand, 2008, P.7, Fig. 2)	Trichome blue-green, straight, not constricted at the cross walls; sheath thin; cells 3-4 µm broad, 4-7 µm long, nearly quadrate, granulated at the septa.	
44.	*Phormidium uncinatum* (Ag.) Gomont Division –Cyanophyta Class- Cyanophyceae Order-Nostocales Family- Oscillatoriaceae (Desikachary 1959, p .276, Pl. 43, Figs. 1, 2 &Pl.45 Figs.9, 10)	Filaments straight or slightly bent, not constricted at the cross walls, 6-9µm broad, ends briefly attenuated, capitate, end cell with a round or depressed conical calyptra.	

45.	***Phormidium fragile*** (Meneghini) Gomont Division –Cyanophyta Class- Cyanophyceae Order-Nostocales Family- Oscillatoriaceae (Desikachary 1959)	Thallus with yellowish or brown blue-green colour; trichomes are constricted at the cross walls, septa are not granulated, attenuated at the ends. Cells are 1 to 3 µm long and 1 to 2 µm broad, end cells are acute conical and calyptra is absent.	
46.	***Phormidium ceylanicum*** Wille Division –Cyanophyta Class- Cyanophyceae Order-Nostocales Family- Oscillatoriaceae (Desikachary 1959	Blue-green thallus; straight trichome, constricted at the cross walls, apical end is elongated and tapering with 9 to 10 µm long , without calyptra; cells are 3 to 4 µm long and 5 to 6 µm broad.	
47.	***Phormidium corium*** (Ag.) Gomont Division –Cyanophyta Class- Cyanophyceae Order-Nostocales Family- Oscillatoriaceae (Desikachary 1959).	Thallus bright blue-green in colour, compact and filaments are straight with thin sheath, not constricted at the cross-walls, cells are of 10 µm long and 9 to 10 µm broad, septa not granulated, end cells are not capitate but straight and calyptra absent.	

48.	*Phormidium aerugineo - caeruleum* (Gomont) Anag. and Gom. Division –Cyanophyta Class- Cyanophyceae Order-Nostocales Family- Oscillatoriaceae	Filaments many forming a gelatinous sheath present, more or less from, apices often attenuated, straight or bent, never regularly spirally coiled, apical cells in many species with calyptra. Cells long 40 µm, breadth 4 µm.	
49.	*Cylindrospermum indicum* Rao, C.B.,orth. Mut. De Toni Division –Cyanophyta Class- Cyanophyceae Order-Nostocales Family- Nostocaceae (Desikachary 1959, p .369, Pl. 64, Figs. 4&11)	Trichome single with deep constrictions at the joints, 2-4 µm broad, cells almost quadrate, or more or less barrel-shaped, 3-4 µm long, heterocysts spherical, one at each end of the trichome, 2-3 µm broad, spores ellipsoidal, 7-8 µm broad.	
50.	*Nostoc linckia* (Roth) Bornet ex Born. et Flah. Division –Cyanophyta Class- Cyanophyceae Order-Nostocales Family- Nostocaceae (Desikachary 1959, p.377, Pl. 67, Fig.1)	Thallus gelatinous, yellowish brown to blue green, trichome 3-4µm broad, cells barrel-shaped, 3-4µm long, heterocysts almost spherical, 5-6µ broad; spores in long chains, more or less spherical 6-7µm broad.	

51.	***Nostoc commune*** Vaucher ex Born. et Flah. Division –Cyanophyta Class- Cyanophyceae Order-Nostocales Family- Nostocaceae (Desikachary 1959, p. 387, Pl. 68, Fig. 3)	Thallus globose, sheath yellowish, distinct at the periphery, trichome 5-6µm broad; cells barrel-shaped, 4-5µm long, heterocysts almost spherical, 6-7µm broad.	10 µm
52.	***Nostoc paludosum*** kuetz. ex Born. et Falah Division –Cyanophyta Class- Cyanophyceae Order-Nostocales Family- Nostocaceae Desikachary,1959, p.375 pl.69 fig.2	Filaments loosely arranged, trichome 4-5 µm broad, cells barrel shaped.	
53.	***Nostoc punctiforme*** (Kuttz.) Hariot Division –Cyanophyta Class- Cyanophyceae Order-Nostocales Family- Nostocaceae (Desikachary 1959, p .374, Pl. 69, Fig. 1)	Thallus sub-globose; sheath mucous; trichome 3-4 µm broad, cells barell-shaped; heterocyst 5-6 µm broad, 6-7 µm long.	10 µm
54.	***Anabaena circinalis*** Rabenhorst ex Born.et Flah.Var. crassa Ghose Division –Cyanophyta Class- Cyanophyceae Order-Nostocales Family- Nostocaceae (Desikachary 1959, p .414,	Trichome single, loosely coiled, cells nearly spherical, but generally shorter than broad, 5-6 µm broad; heterocysts globose, 7-8 µm broad.	10 µm

	Pl. 77, Fig. 5)		
55.	*Anabaena naviculoides* Fritsch Division –Cyanophyta Class- Cyanophyceae Order-Nostocales Family- Nostocaceae (Desikachary 1959, p. 410, Pl. 72, Fig. 2)	Trichome thin, gelatinous, apices acuminate; cells more or less barrel-shaped, 3-4 µm broad; heterocysts intercalary, 5-6 µm broad , broader than the vegetative cells, apices acuminate, apical cell conical.	
56.	*Anabaena oryzae* Fritsch Division –Cyanophyta Class- Cyanophyceae Order-Nostocales Family- Nostocaceae (Desikachary,1959, p.396 pl.72 fig.3)	Trichome 2-4 µm broad, cells cylindrical, heterocyst cylindrical, akinets spherical.	
57.	*Anabaena torulosa* (Carm.)Lagerh.ex Born. et Falah Division –Cyanophyta Class- Cyanophyceae Order-Nostocales Family- Nostocaceae (Desikachary,1959, p.415 pl. 71 fig.6)	Trichome 5-5.8 µm broad, cells barrel shaped, akinets adjacent to the heterocyst, akinets cylindrical with round ends.	

58.	***Anabaena sphaerica*** Bornet et Flahault Division –Cyanophyta Class- Cyanophyceae Order-Nostocales Family- Nostocaceae (Desikachary 1959, p .393, Pl. 71, Fig. 10)	Thallus blue-green, trichomes straight, 6-9μm broad; cells spherical to short barrel-shaped; heterocysts subspherical, 8-10μm broad, 9- 11μmlong.	
59.	***Anabaena ballyganglii*** Banerji Division –Cyanophyta Class- Cyanophyceae Order-Nostocales Family- Nostocaceae (Desikachary 1959, p.409, Pl. 77, Fig.4)	Trichome circinate; cells compressed, spherical, 7- 9μm broad, 5-6μm long, contents granular, heterocysts somewhat spherical, 8-9μm broad.	
60.	***Scytonema cincinnatum*** Thuret ex Born. et Flah. Division –Cyanophyta Class- Cyanophyceae Order-Nostocales Family –Scytonemataceae (Desikachary 1959, p 453, Pl. 93, Fig.1)	Filaments 30-35μm broad, false branches mostly germinate; sheath firm, brownish; trichomes 15- 18μm broad, slightly constricted at the cross walls; heterocysts single, quadrate.	
61.	***Scytonema simplex*** Bharadwaja Division –Cyanophyta Class- Cyanophyceae Order-Nostocales Family –Scytonemataceae (Desikachary,1959, p.455 pl.89 fig.1	Filaments 13.6-16.5 μm broad, tip of the filament dome shaped, cells elongate cylindrical, 8.8-7.8 μm broad.	

62.	*Scytonema myochrous* (Dillw) Ag.ex Born. et Flah. Division –Cyanophyta Class- Cyanophyceae Order-Nostocales Family –cytonemataceae (Desikachary 1959, p. 487, Pl. 90, Fig. 3& Pl.99, Fig.2)	Thallus brownish black, 35-40 µm broad, sheath yellowish brown, trichome 8-12 µ broad, heterocysts longer than broad.	
63.	*Cladothrix contarenii* (Zanard.) Bornetet Flah. Division –Cyanophyta Class- Cyanophyceae Order-Nostocales Family –Rivulariaceae (Desikachary 1959, p 524, Pl. 111, Figs. 2, 5, 8)	Filaments long, swollen at the base, 7-10µm broad; sheath colourless, heterocyst basal.	
64.	*Westiellopsis prolifica* Janet Class: Cyanophyceae Order: Stigonematales Family: Fischerellaceae (Anand, 1998; Mahendraperumal and Anand, 2008).	Main filaments torulse, with short barrel shaped cells, broad, or slightly longer, branch filaments thinner and elongate, non-constricted at the cross-wall, with elongate cylindrical, cells, long 8 µm, breadth 40 µm, gonidia formed single in each cell of the psuedohormocysts.	

65.	***Hapalosiphon luteolus*** W. &G.S. West. Division –Cyanophyta Class- Cyanophyceae Order-Nostocales Family – Hapalosiphonaceae (Desikachary,1959, p.593 pl.130 fig.1)	Thallus 9.7-10.7 µm broad, lateral branches short, cells cylindrical 5.8-6.8 µm broad and 7.8- 8.8 µm long.	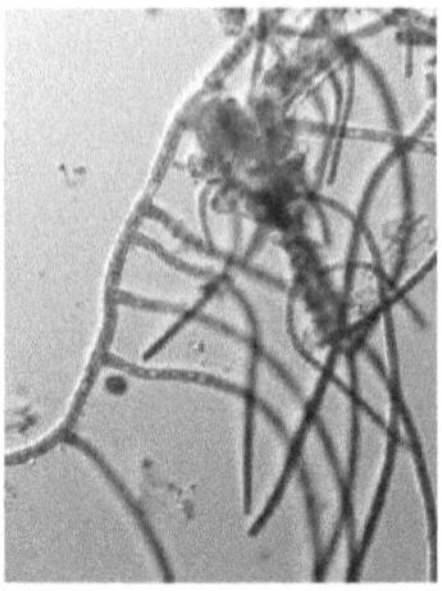
66.	***Hapalosiphon welwitschii*** W. et G.S.West Division –Cyanophyta Class- Cyanophyceae Order-Nostocales Family – Hapalosiphonaceae (Desikachary 1959, p. 588, Pl. 137, Fig. 5)	Filaments 5-8 µm broad, sheath very close, colourless; cells sub spherical or elongate, as long as broad; lateral branches short, 4-6 µm broad, slightly attenuated at the ends.	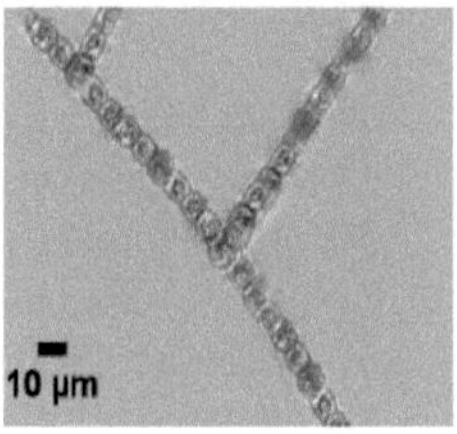 10 µm
67.	***Sirogonium*** Kutzing Phylum-Charophyta Class-Zygnematophyceae Order-Zygnemales Family-Zygnemataceae (Guiry and Guiry 2014, http://www.algaebase.org.)	Unbranched uniseriate filaments; up to several times as long, lacks outer mucilage layer and non slimy to touch; cells cylindrical, 15-18µm broad, 42-45µm long, chloroplast ribbon like, straight, with pyrenoids; sexual reproduction by scalariform conjugation.	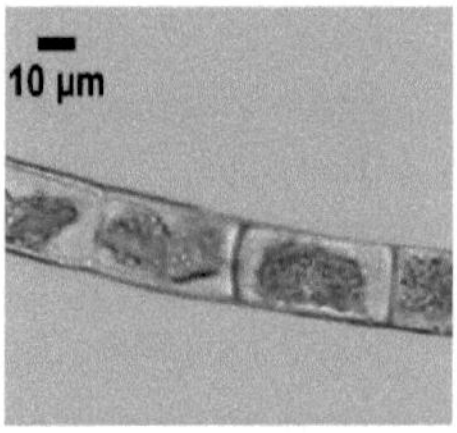 10 µm

68.	*Mougeotia* C. Agardh Phylum-Charophyta Class-Conjugatophyceae Order-Zygnemales Family-Zygnemataceae (Guiry and Guiry 2014, http://www.algaebase.org.)	Unbranched uniseriate filaments; cells cylindrical, 8-10 µm broad, 110-115 µm long, chloroplast axil, uncoiled, one per cell, plate like.	
69.	**Zygnema** C. Agardh Phylum-Charophyta Class-Conjugatophyceae Order-Zygnemales Family-Zygnemataceae (Guiry and Guiry 2014, http://www.algaebase.org.)	Thalli comprised of unbranched uniseriate filaments, Cells cylindrical, 15-17µm broad, 42-45µm long, and chloroplast two per cell, stellate.	
70.	*Oedogonium brevicingulatum* Jao Phylum-Chlorophyta Class-Chlorophyceae Order-Oedogoniales Family-Oedogoniaceae (Gonzalves, 1981, p. 159, fig.22)	Cells cylindrical, 95-120µm long, 22-24µm broad; oogonium single, obovoid to globose, 70-75µm long, oospore globose.	
71.	*Rizoclonium* Kutzing Phylum-Chlorophyta Class-Ulvophyceae Order-Cladophorales Family-Cladophoraceae (Guiry and Guiry 2014, http://www.algaebase.org.)	Unbranched uniseriate filaments; Cells cylindrical, 14-16µm broad, 45-48 µm long, Chloroplast parietal with pyrenoids, often packed with starch.	

Referências

Anand, N. 1998 *Indian freshwater microalgae*. Bishen Singh Mahendra Pal Singh, 23A, Dehra Dun, Índia

Desikachary, T.V. 1959. *Uma monografia sobre Cyanophyta*. Publicação do Conselho Indiano de Investigação Agrícola, Nova Deli, Índia.

Easa, P.S. 2004. *Biodiversity documentation for Kerala Part 1 : Algae*. Instituto de Investigação Florestal de Kerala, Peechi.

Gonzalves, F.A. 1981. *Oedogoniales.* Publicação do Conselho Indiano de Investigação Agrícola, Nova Deli

Guiry, M.D. e Guiry, G.M. 2012. *Algae Base.* Publicação eletrónica mundial, Universidade Nacional da Irlanda, Galway. http://www. algaebase.org

Guiry, M.D. e Guiry, G.M. 2014. *Algae Base,* publicação eletrónica mundial, Universidade Nacional da Irlanda, Galway. http//:www.algaebase.org

John, J. 2008. *Investigação da flora de algas do distrito de Idukki.* Tese de doutoramento apresentada à Universidade Mahatma Gandhi. Centro de Investigação da Universidade Mahatma Gandhi Departamento de Botânica, Colégio do Sagrado Coração, Thevara Kochi - 682 013, Kerala, Índia.

Mahendraperumal, G. e Anand, N. 2008. *Manual de algas de água doce de Tamilnadu.* Bisen Singh e Mahendrapal Singh Publ, Dehra Dun, Índia.

CAPÍTULO 4

CULTURA ALGAL

Introdução

A cultura industrial e comercial de algas tem uma miríade de aplicações que afectam todas as facetas da vida, incluindo a produção de ingredientes alimentares ou naturais e corantes, alimentos, fertilizantes, matérias-primas, produtos farmacêuticos e combustível de algas, e também para aplicações de biorremediação e medicinais. As algas são plantas flutuantes frequentemente microscópicas da água, geralmente de vida livre e pelágicas. A maioria das microalgas tem um valor imenso, sendo fontes ricas de ácidos gordos essenciais, pigmentos, aminoácidos e vitaminas.

A manutenção e o fornecimento das espécies necessárias no momento adequado constituem um grande obstáculo para os cultivadores de algas. O procedimento para a cultura de algas envolve aspectos como o isolamento das espécies necessárias, a preparação dos meios de cultura adequados, a manutenção da cultura à escala laboratorial, bem como em grande escala sob condições controladas de luz, temperatura e arejamento e o seu fornecimento constante em diferentes fases de crescimento (Provasoli e Carlucci, 1974; Allen e Gorham, 1981). Mais especificamente, uma cultura de algas é definida como um ambiente artificial no qual as algas crescem em condições controladas. A distribuição das espécies de algas nas águas doces depende não só da ação selectiva do ambiente químico-físico, mas também da capacidade do organismo para colonizar um determinado ambiente. Assim, foi desenvolvida e utilizada uma série de meios de cultura para o isolamento e cultivo de algas. Alguns deles são modificações de receitas anteriores para satisfazer um determinado objetivo, alguns são derivados da análise da água no habitat nativo, alguns são formulados após um estudo pormenorizado das necessidades do organismo em nutrientes e alguns são estabelecidos após consideração de parâmetros ecológicos.

O isolamento das espécies de algas necessárias pode ser efectuado através de um dos seguintes métodos:

a. ***Método de lavagem ou centrifugação:*** Lavagem repetida ou centrifugação das amostras de água para um melhor isolamento.

b. ***Explorando o movimento fototático:*** Por este método, as algas que se movem numa direção podem ser isoladas com uma micropipeta.

c. ***Pelo método de plaqueamento em ágar:*** Para preparar o meio de ágar, adiciona-se 1,5% de ágar a 1 litro de meio adequado ou mesmo de água natural e esteriliza-se em autoclave durante 15 minutos sob uma pressão de 150 libras e a 120° C. Deita-se em placas de Petri esterilizadas, deixa-se solidificar e incuba-se. No caso dos tubos de cultura, o meio é vertido em 1/3 dos tubos, que são devidamente tapados com algodão antes da autoclavagem.

d. ***Micromanipulação:*** Células de algas a isolar numa gota de amostra de enriquecimento. Enquanto observa a célula, aspirar para a micropipeta. Transferir a célula para uma gota de meio esterilizado numa placa de ágar. Repetir este processo para "lavar" a célula. Quanto mais vezes uma célula for lavada, menor é a probabilidade de contaminação.

No entanto, o risco de danos nas células aumenta com o número de vezes que uma célula é manuseada. O número ótimo de lavagens dependerá do tipo de alga. Transferir a célula para um meio diluído numa placa de cultura de tecidos, numa placa de Petri ou num tubo de cultura. Colocar o recipiente de cultura sob luz fraca a uma temperatura constante adequada. Verificar microscopicamente o crescimento ou esperar até que seja possível detetar um crescimento macroscópico (3-4 semanas após a transferência). Este método deverá resultar numa cultura colonal uni-algal.

e. ***Diluição em série:*** Rotular os tubos 10^{-1} a 10^{-10} indicando o fator de diluição. Adicionar assepticamente 1 ml de amostra de enriquecimento ao primeiro tubo (10^{-1}) e misturar suavemente. Tomar 1 ml desta diluição e adicionar ao tubo seguinte (10^{-2}), misturando suavemente. Repetir este procedimento para os restantes tubos (10^{-3} a 10^{-10}). Incubar os tubos de ensaio em condições controladas de temperatura e luz: Examinar as culturas microscopicamente após 2-4 semanas, retirando assepticamente uma pequena amostra de cada tubo de diluição. Pode desenvolver-se uma cultura unialgal num dos tubos de diluição mais elevada, por exemplo 10^{-6} a 10^{-10} - Se os tubos contiverem duas ou três espécies diferentes, pode recorrer-se à micromanipulação para obter culturas unialgais.

Dinâmica de crescimento

O crescimento de uma cultura axénica de microalgas é caracterizado por cinco fases. O crescimento refere-se geralmente a mudanças na cultura e não a mudanças num organismo individual. O crescimento denota o aumento em número para além do presente nos inóculos originais. As fases distintas de crescimento são descritas na Fig. 1.

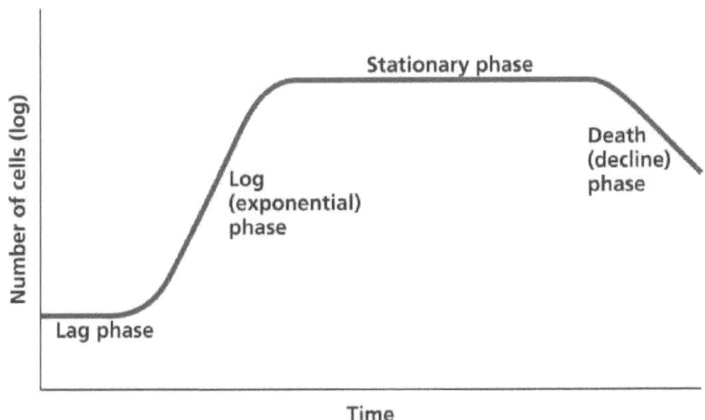

Fig 1: A curva de crescimento

a. *Fase Lag* - após a adição de inóculos a um meio de cultura, a população permanece temporariamente inalterada. Nesta altura, as células aumentam de tamanho para além das suas dimensões normais. Fisiologicamente, estão muito activas e sintetizam novo protoplasma. Os organismos estão realmente a metabolizar, mas há um atraso na divisão celular.

b. *Fase logarítmica ou exponencial* - as células começam a dividir-se de forma estável a um ritmo constante. Em condições óptimas de cultura, a taxa de crescimento é máxima nesta fase.

c. *Fase estacionária* - nesta altura, a fase logarítmica do crescimento começa a diminuir após várias horas (ou dias) de forma gradual. A população permanece mais ou menos constante durante algum tempo, talvez como resultado da cessação completa da divisão ou do equilíbrio da taxa de reprodução com uma taxa de mortalidade equivalente.

d. *Fase de declínio ou morte* - a taxa a que algumas células morrem é mais rápida do que a taxa de reprodução de novas células. O número de células viáveis diminui geometricamente. Além disso, a limitação da disponibilidade de nutrientes, luz, pH, dióxido de carbono ou outros factores físicos e químicos também limitam o crescimento.

Factores que afectam a cultura de algas

A temperatura, a luz, o pH, a salinidade, o oxigénio, o arejamento e os nutrientes são factores importantes no cultivo, e as diferentes algas têm necessidades diferentes (Anderson, 2005).

1. Temperatura

A temperatura óptima para as culturas de fitoplâncton situa-se geralmente entre 20 e 24°C, embora possa variar em função da composição do meio de cultura, da espécie e da estirpe cultivada. As espécies de microalgas mais comummente cultivadas toleram temperaturas entre 16 e 27°C. As temperaturas inferiores a 16°C abrandam o crescimento, enquanto as superiores a 35°C são letais para algumas espécies.

2. Luz

A intensidade da luz desempenha um papel importante, mas os requisitos variam muito com a profundidade da cultura e a densidade da cultura de algas; em profundidades e concentrações celulares mais elevadas, a intensidade da luz deve ser aumentada para penetrar na cultura *(por exemplo,* 1.000 lux é adequado para frascos erlenmeyer; 5.000 a 10.000 é necessário para volumes maiores). A luz pode ser natural ou fornecida por tubos fluorescentes. Uma intensidade de luz demasiado elevada pode resultar em foto-inibição. Além disso, deve ser evitado o sobreaquecimento devido à iluminação natural e artificial. Deve dar-se preferência a lâmpadas fluorescentes que emitam luz no espetro azul ou vermelho, dado que estas são as partes mais activas do espetro luminoso para a fotossíntese. A duração da iluminação artificial deveria ser de, no mínimo, 18 horas de luz por dia, embora o fitoplâncton cultivado se desenvolva normalmente sob iluminação constante.

3. pH

As algas preferem um pH de neutro a alcalino. O intervalo de pH para a maioria das espécies de algas cultivadas situa-se entre 7 e 9. Um colapso total da cultura devido à perturbação de muitos processos celulares pode resultar da incapacidade de manter um pH aceitável.

4. Salinidade

Os fitoplânctons marinhos são extremamente tolerantes às mudanças de salinidade. A maioria das espécies cresce melhor numa salinidade ligeiramente inferior à do seu habitat nativo, que se obtém diluindo a água do mar com água da torneira. Salinidades de 20-24 g.l⁻¹ têm sido consideradas óptimas.

5. Oxigénio

O odor associado às águas estagnadas pode ser devido à depleção de oxigénio causada pela decomposição de algas mortas. Em condições de anóxia, as bactérias que habitam as culturas de algas decompõem a matéria orgânica e produzem sulfureto de hidrogénio e amoníaco, que provocam o odor. Esta hipoxia resulta frequentemente na morte de animais aquáticos. Num sistema em que as algas são intencionalmente cultivadas, mantidas e colhidas, não é provável que ocorram nem eutrofização nem hipoxias.

6. Aeração

A mistura é necessária para evitar a sedimentação das algas, para assegurar que todas as células da população são igualmente expostas à luz e aos nutrientes, para evitar a estratificação térmica e para melhorar as trocas gasosas entre o meio de cultura e o ar.

7. Nutrientes

Os nutrientes como o azoto (N), o fósforo (P) e o potássio (K) servem de fertilizante para as algas e são geralmente necessários para o seu crescimento. A sílica e o ferro, bem como vários oligoelementos, também podem ser considerados nutrientes marinhos importantes, uma vez que a falta de um deles pode limitar o crescimento ou a produtividade de uma determinada área.

Técnicas de cultura de algas

As algas podem ser produzidas utilizando uma grande variedade de métodos, desde métodos laboratoriais rigorosamente controlados até métodos menos previsíveis em tanques ao ar livre (Nichols, 1973; Watanabe *et al.*, 1998).

1. Interior/exterior.

A cultura em interior permite controlar a iluminação, a temperatura, o nível de nutrientes, a contaminação por predadores e as algas concorrentes, ao passo que os sistemas de cultivo de algas no exterior tornam muito difícil o cultivo de culturas específicas de algas durante períodos prolongados.

2. As culturas abertas, tais como lagos e tanques não cobertos (no interior ou no exterior), são mais facilmente contaminadas do que os recipientes de cultura fechados, tais como tubos, frascos, garrafões, sacos, etc.

3. Axénico

As culturas axénicas não contêm quaisquer organismos estranhos, como bactérias, e requerem uma esterilização rigorosa de todo o material de vidro, meios de cultura e recipientes para evitar a contaminação. Este último facto torna-a impraticável para operações comerciais.

4. Cultura de lotes

A cultura em lote consiste numa única inoculação de células num recipiente com água do mar fertilizada, seguida de um período de crescimento de vários dias e, finalmente, da colheita quando a população de algas atinge a sua densidade máxima ou quase máxima. Na prática, as algas são transferidas para volumes de cultura maiores antes de atingirem a fase estacionária e os volumes de cultura maiores são então levados a uma densidade máxima e colhidos.

5. Cultura contínua

O método de cultura contínua (isto é, uma cultura em que um fornecimento de água do mar fertilizada é continuamente bombeado para uma câmara de crescimento e o excesso de cultura é simultaneamente lavado) permite a manutenção de culturas muito próximas da taxa de crescimento máxima. Podem distinguir-se duas categorias de culturas contínuas:

As desvantagens do sistema contínuo são o seu custo relativamente elevado e a sua complexidade. Os requisitos de iluminação e temperatura constantes restringem os sistemas contínuos a espaços interiores, o que só é viável para escalas de produção relativamente pequenas. No entanto, as culturas contínuas têm a vantagem de produzir algas de qualidade mais previsível. Além disso, são passíveis de controlo tecnológico e de automatização, o que, por sua vez, aumenta a fiabilidade do sistema e reduz a necessidade de mão de obra.

6. Cultura semi-contínua

A técnica semi-contínua prolonga a utilização de culturas em grandes tanques através de colheitas periódicas parciais, seguidas imediatamente de um enchimento até ao volume original e de um suplemento de nutrientes para atingir o nível original de enriquecimento. A cultura é novamente cultivada, parcialmente colhida, etc. As culturas semicontínuas podem ser efectuadas no interior ou no exterior, mas geralmente a sua duração é imprevisível. Os concorrentes, predadores e/ou contaminantes e metabolitos acabam por se acumular, tornando a cultura inadequada para utilização posterior. Uma vez que a cultura não é completamente colhida, o método semi-contínuo produz mais algas do que o método descontínuo para um determinado tamanho de tanque.

Referências

Allen, E. A. D., e Gorham, P. R. 1981. Cultura de cianófitas planctónicas em ágar. In: Carmichael, W. W., ed. *The Water Environment: Algal Toxins and Health*. Plenum Publishing Corp., Nova Iorque, pp. 185-92.

Anderson, R.A. 2005. *Algal culturing techniques*. Burlington, Massachusetts: Elsevier/Academic Press.

Nichols, H. W. 1973. Meios de crescimento - água doce. In: Stein, R., ed. *Handbook of Phycological Methods: Culture Methods and Growth Measurements*. Cambridge University Press, Nova Iorque, pp. 07-24.

Provasoli, L., e Carlucci, A. F. 1974. Vitaminas e reguladores de crescimento. In: Stewart, W. D. P., ed. *Algal Physiology and Biochemistry*. Blackwell Scientific, Londres, pp. 741-787.

Watanabe, M. M., Nakagawa, M., Katagiri, M., Aizawa, K., Hiroki, M., e Nozaki, H. 1998. Purificação de cianobactérias picoplanctónicas de água doce por pour-plating em "agarose de temperatura de gelificação ultra-baixa". *Phycol. Res.* 46(Suppl.):71-75.

Printed by Books on Demand GmbH, Norderstedt / Germany